砼造：建筑·景观·家居/工艺品
银杉杯第四届中国装饰混凝土大赛获奖作品选集

Concrete Manufacturing: Architecture·Landscape·Furniture & Craftwork
Yinshan Cup the Fourth China Decorative Concrete Competition Works Collection

主编　潘志强　商雁青　　Chief Editor: Pan Zhiqiang, Shang Yanqing

主编单位：

中国混凝土与水泥制品协会

国家建筑材料展贸中心

中国混凝土与水泥制品协会装饰混凝土分会

支持单位：

北京益汇达清水装饰工程有限公司

Chief Editor Units:

China Concrete and Cement-Based Products Association (CCPA)

China National Building Materials Exhibition & Trade Center

Decorative Concrete Branch, CCPA

Support Unit:

Beijing Yihuida Bare Concrete Decoration Engineering Co., Ltd.

中国建材工业出版社

图书在版编目（CIP）数据

砼造：建筑·景观·家居/工艺品：银杉杯第四届中国装饰混凝土大赛获奖作品选集/潘志强，商雁青主编.——北京：中国建材工业出版社，2018.11
ISBN 978-7-5160-2458-4

Ⅰ.①砼… Ⅱ.①潘… ②商… Ⅲ.①装饰混凝土-混凝土结构-结构设计-作品集-中国-现代 Ⅳ.① TU209

中国版本图书馆 CIP 数据核字 (2018) 第 250829 号

砼造：建筑·景观·家居/工艺品　银杉杯第四届中国装饰混凝土大赛获奖作品选集

主　　编：潘志强　商雁青
出版发行：中国建材工业出版社
地　　址：北京市海淀区三里河路 1 号
邮　　编：100044
经　　销：全国各地新华书店
印　　刷：北京中华儿女印刷厂
开　　本：889mm×1194mm　1/16
印　　张：7
字　　数：30 千字
版　　次：2018 年 11 月第 1 版
印　　次：2018 年 11 月第 1 次
定　　价：108.00 元

本社网址：www.jccbs.com，微信公众号：zgjcgycbs
请选用正版图书，采购、销售盗版图书属违法行为
版权专有，盗版必究。本社法律顾问：北京天驰君泰律师事务所，张杰律师
举报信箱：zhangjie@tiantailaw.com　　举报电话：（010）68343948
本书如有印装质量问题，由我社市场营销部负责调换，联系电话：（010）88386906

砼造：建筑·景观·家居/工艺品
银杉杯第四届中国装饰混凝土大赛获奖作品选集编写委员会

编委会主任：徐永模
编委会副主任：屈交胜　曾庆东　朱同然　潘志强　商雁青
编委会委员：徐永模　屈交胜　曾庆东　朱同然　潘志强　商雁青
　　　　　　李　强　简宁宁　舒春雪　赵　坤　王思慧

主编：潘志强　商雁青
编辑：李　强　简宁宁　舒春雪　赵　坤　王思慧
翻译：简宁宁
设计：褚　林
策划：中国混凝土与水泥制品协会装饰混凝土分会

Editorial Board of Concrete Manufacturing: Architecture·Landscape·Furniture & Craftwork
Yinshan Cup the Fourth China Decorative Concrete Competition Works Collection

Director of editorial board: Xu Yongmo

Deputy director of the editorial board: Qu Jiaosheng, Zeng Qingdong, Zhu Tongran, Pan Zhiqiang, Shang Yanqing

Editorial board member: Xu Yongmo, Qu Jiaosheng, Zeng Qingdong, Zhu Tongran, Pan Zhiqiang, Shang Yanqing, Li Qiang, Jian Ningning, Shu Chunxue, Zhao Kun, Wang Sihui

Chief editor: Pan Zhiqiang, Shang Yanqing

Editor: Li Qiang, Jian Ningning, Shu Chunxue, Zhao Kun, Wang Sihui

Translator: Jian Ningning

Designer: Chu Lin

Planner: Decorative Concrete Branch, CCPA

第四届中国装饰混凝土大赛评审委员会

主席：徐永模　中国混凝土与水泥制品协会执行会长
评委：庄惟敏　清华大学建筑设计研究院院长、总建筑师
　　　汪　恒　中国建筑设计研究院执行总建筑师
　　　桂学文　中南建筑设计研究院总建筑师
　　　郭学明　装饰混凝土分会专家委主任
　　　黄政宇　湖南大学土木工程学院副院长、教授
　　　秦　璞　中央美术学院雕塑系教授
　　　聂　影　清华大学美术学院环境艺术设计系副教授
　　　佘　伟　东南大学纤维与纤维混凝土应用技术研究所副所长

The Fourth China Decorative Concrete Competition Awards Committee

Chairman:

Xu Yongmo, Executive President of China Concrete and Cement Products Association

Members:

Zhuang Weimin, President and Chief Architect of Architectural Design & Research Institute, Tsinghua University

Wang Heng, Executive Chief Architect of China Architectural Design & Research Group

Gui Xuewen, Chief Architect of China South Architectural Design & Research Institute

Guo Xueming, Director of the Expert Committee of Decorative Concrete Branch

Huang Zhengyu, Vice Dean and Professor of Civil Engineering Institute, Hunan University

Qin Pu, Professor of Sculpture Department and Public Art Studio of Central Academy of Craft Arts

Nie Ying, Associate Professor of Department of Environmental Art Design, Academy of Arts & Design, Tsinghua University

She Wei, Deputy Director of Fiber and Fiber Concrete Application Technology Institute, Southeast University

前 言

"银杉杯第四届中国装饰混凝土大赛"自2018年4月启动以来,得到装饰混凝土及相关行业单位的积极响应,参赛作品超过历届。很多作品在设计、技术及材料创新方面呈现出新的亮点,有的作品实现难度之大堪称世界之最,进一步体现了装饰混凝土在实现建筑师和设计师们创新设计上的材料优势。

材料与工艺技术的发展,拓展了装饰混凝土在建筑上的应用空间,制作匠心与技艺提升了装饰混凝土产品更加精准的艺术表现力。如长沙谢子龙影像艺术中心,建筑主体由白色清水混凝土一次性现浇而成,达到项目设计与制作高度吻合的要求,使得现浇清水混凝土展现了独特的魅力;由英国女建筑师扎哈·哈迪德女士主持设计的长沙梅溪湖国际文化艺术中心,采用GRC挂板面积约5万m^2,作为当下最为复杂、难度最大的GRC幕墙工程,体现了中国GRC产品的技术创新能力;北京城市副中心行政办公区A2项目,大面积应用PC(预制混凝土)挂板幕墙作外围护体系,通过标准化设计、工业化生产、机械化施工,实现结构、保温、装饰一体化,建筑外立面大气稳重,具有艺术感。

为了满足人们对生活情趣和品质不断增长的需求,装饰混凝土产品越来越多地进入了景观与家居工艺品领域。银川韩美林艺术馆文化墙,以混凝土材料实现贺兰山岩石效果,立体感强且富于变化,为艺术馆增添了独特的景观;混凝土灯阵,高度夸张和流畅的外观,缤纷的色彩,以废石碴、废石粉为原料,迎风摇曳,婀娜多姿;Grand Gourmet桌椅以混凝土为主材制作,具有美感的设计、细腻的质感与精细的工艺,改变了混凝土"近体尺度"的不良质感体验,使装饰混凝土家具的表观质量和造型细节得到完美的呈现,使混凝土家具进入高档定制的商业空间。

本届大赛评委会阵容强大,特邀8位来自建筑设计、景观设计及材料领域的一线著名专家担当评委。经过评委认真、客观的评审,最终评选出51个作品,分获建筑类、景观类和家居/工艺品类的金、银、铜奖,以及最佳创意奖、材料/工艺创新奖和绿色发展优秀奖三个单项奖。

为宣传装饰混凝土的应用成果,让更多的业内外人士了解装饰混凝土,特编制《砼造:建筑·景观·家居/工艺品 银杉杯第四届中国装饰混凝土大赛获奖作品选集》以飨读者。在此,感谢北京益汇达清水装饰工程有限公司对本书出版的大力支持。

编者

二〇一八年十月

Preface

Since the start of Yinshan Cup the Fourth China Decorative Concrete Competition in April 2018, it has received positive response from the units of decorative concrete and other related industries, and the number of entries has exceeded all previous. Many works show new highlights in design, technology and material innovation, and some of them are the most difficult to achieve in the world, reflecting the material advantages of decorative concrete in achieving innovative design of architects and designers.

The development of material and processing technology expands the application space of decorative concrete in Architecture, craftsmanship and artistry enhance the precisely artistic expression of decorative concrete products. For example, the main body of Changsha Xie Zilong Image Art Center is made of white bare concrete in one time, which meets the requirements of project design tallying with production, and presents the unique charm of as-cast finish concrete; Changsha Meixi Lake International Culture and Art Center, designed by British female architect Zaha Hadid, is made by almost about 50,000 m^2 GRC hanging plates, as the most complex and difficult GRC curtain wall project at present, which reflects the technological innovation of China's GRC products; The Administrative Office Area A2 Project of Beijing City Sub-Center, is made by the large-area PC (precast concrete) hanging plate curtain wall as the enclosure system, the integration of structural, insulation and decoration through the standardized design, industrial production and mechanized construction, the facade of the building is magnificent and artistic.

In order to meet people's growing demand for interest and quality of life, decorative concrete products are increasingly entering Landscape and Furniture & Craftwork fields. The Cultural Wall of Han Mei Lin Art Museum in Yinchuan uses concrete materials to achieve the rock effect of Helan Mountain, which has a strong three-dimensional sense and rich changes, and adds a unique landscape to the Art Museum. Concrete Lamp Array, its appearance is highly exaggerated, smooth and colorful, is made by waste stone chips, waste stone dust as raw materials, fluttering gracefully in the breeze; Grand Gourmet Tables and Chairs are mainly made of concrete, the aesthetic design, exquisite texture and fine craftsmanship have changed the poor texture experience of 'near-body scale' of concrete, and the appearance quality and modeling details of decorative concrete furniture have been presented perfectly, allowing the concrete furniture entering the high-end customized commercial space.

The award committee of this competition has a strong lineup, eight famous experts from architectural design, landscape design and materials field were invited to act as judges. After careful and objective evaluation, 51 works were awarded Gold, Silver and Bronze Prize in Architecture, Landscape and Furniture & Craftwork fields, as well as three individual awards including Best Ingenuity Award, Material/Craft Innovation Award and Green Development Excellence Award.

In order to promote the application results of decorative concrete, and let more people in and out of the filed know about decorative concrete, we have compiled *Concrete Manufacturing: Architecture · Landscape · Furniture & Craftwork - Yinshan Cup the Fourth China Decorative Concrete Competition Works Collection* specially for the readers. Here, we would like to thank Beijing Yihuida Bare Concrete Decoration Engineering Co., Ltd. for its strong support for the publication of this book.

Editor
October, 2018

作品目录

建筑类

长沙谢子龙影像艺术中心	02
同济大学运筹楼外立面装饰	07
河北北方学院体育馆	10
长沙梅溪湖国际文化艺术中心	15
呼和浩特市昭君博物馆新馆	18
摩乐茶	22
贵州轻工学院花溪校区图书馆	24
晋中博物馆	28
北京城市副中心行政办公区 A2 项目	33
北京松美术馆	36
北京行政副中心清水混凝土连廊	38
罗浮洞天	40
川隈杂谈	43
广东以色列理工学院（北校区）	45
太原幼师新校区图书馆	46
江苏金坛人防指挥所	48
未来石蒙古包	51
漳州招商局职工之家	52
雍和航星科技园	54

景观类

银川韩美林艺术馆文化墙	59
泥河湾国家遗址考古公园	60
厦门宝龙一城风井 UHPC 镂空百叶	62
北京金宝街围墙艺术装饰墙板	64
酉阳桃花源太古洞	66
青岛万达英慈医院内部装饰	68
彩色生态框	71
北京乐多港奇幻乐园	72
广州长隆野生动物世界熊猫山展区	74
浙江省舟山市桥畔公园景墙	77
雄安市民服务中心项目	79

家居 / 工艺品类

Grand gourmet 桌椅	83
影 – 混凝土光影成像墙砖	84
混凝土灯阵	86
香薰盒	88
中 – 混凝土乒乓球桌	89
《清明上河图》混凝土成像	90
艺术坐凳	92
清水大声公	93
"玖一"电子秤	94
楼纳露营基地服务中心混凝土家具	95
首钢西十冬奥广场项目公寓酒店室内水泥台盆	97

Content

Architecture

Changsha Xie Zilong Image Art Center 02
The Facade Decoration of Tongji University Operations Building............ 07
Hebei North College Gymnasium 10
Changsha Meixi Lake International Culture and Art Center 15
The Zhaojun Museum New Building of Hohhot City 18
Mole Tea 22
The Huaxi Campus Library of Guizhou Institute of Light Industry 24
Jinzhong Museum 28
The Administrative Office Area A2 Project of Beijing City Sub-Center ... 33
Beijing Song Art Museum 36
The Bare Concrete Corridor of Beijing Administrative Sub-Center 38
Luofu Cave 40
Chuanwei Zatan 43
Guangdong Israel Institute of Technology (North Campus) 45
The Library of Taiyuan Kindergarten New Campus 46
The Civil Defense Command of Jiangsu Jintan City 48
Future Stone Yurt 51
Zhangzhou Merchants Staff Home 52
Yonghe Navistar Science Park 54

Landscape

The Cultural Wall of Han Meilin Art Museum, Yinchuan 59
Nihewan National Ruins Archaeological Park 60
Ventilation Shaft UHPC Hollow Shutters of Xiamen Baolong Yicheng Community 62
The Art Decoration Wall Panel of Beijing Jinbao Street Fence 64
The Peach Blossom Spring Ancient Cave of Youyang 66
Interior Decoration of Qingdao Wanda Yingci Hospital 68
Colorful Ecological Frame 71
Beijing Leduo Port Wonderland 72
The Panda Mountain Exhibition of Guangzhou Changlong Wildlife World 74
Bridgeside Park View Wall in Zhoushan City, Zhejiang Province 77
Xiong'an Civic Service Center Project 79

Furniture & Craftwork

Grand Gourmet Tables and Chairs 83
Shadow - Concrete Light and Shadow Imaging Wall Tiles 84
Project Name: Concrete Lamp Array 86
Aromatherapy Box 88
Medium - Concrete Ping Pong Table 89
Concrete Imaging of "Riverside Scene at Qingming Festival" 90
Art Chair 92
Bare Concrete Loudspeaker 93
"Jiu Yi" Electronic Scale 94
The Concrete Furniture of Louna Camping Base Service Center 95
The Indoor Cement Washbasin of Shougang Xishi Winter Olympics Square Project Apartment Hotel 97

建筑类
Architecture

长沙谢子龙影像艺术中心

谢子龙影像艺术中心座落于湘江河畔、长沙洋湖湿地公园内，建筑面积 10621.91m²，是集影像、器材收藏、历史研究、艺术展览、学术交流于一体的综合性、多元化艺术博物馆。建筑主体由白色清水混凝土一次性现浇而成，墙体、顶棚、地面、室外广场、平台、栈道均使用白色混凝土材料，使建筑的空间结构呈现出最本质的中性状态，透过光影弥散出一种神秘旷奥、安静深远的静寂感。

该项目设计与制作高度吻合，使建筑具有超强的整体感。以优质白水泥为主要胶凝材料，采用白色及浅色矿石骨料，添加适量硅粉，达到 C45 设计强度等级。为保证现浇清水混凝土的外饰品质，施工方严格按照清水混凝土浇筑成型工艺控制整个施工流程。模具的选用与支护，对拉螺栓孔间距的确定和堵头的选用均兼顾力学与美学的共同效果。项目采用将保温材料包裹于围护墙体内的"三明治"保温构造，具有耐候优势，与结构同寿命，是国内优先探索该技术的工程实践。该项目同时获得最佳创意奖、材料／工艺创新奖和绿色发展优秀奖。

设计：湖南大学地方工作室　魏春雨、张光及其团队
申报单位：北京益汇达清水装饰工程有限公司
　　　　　江西银杉白水泥有限公司

Changsha Xie Zilong Image Art Center

Design: Wei Chunyu, Zhang Guang and His Team, Hunan University Local Studio
Applicant: Beijing Yihuida Bare Concrete Decoration Engineering Co., Ltd.
Jiangxi Yinshan White Cement Co., Ltd.

建筑类 | 金奖
Architecture | Gold Prize | 03

建筑类 | 金奖 | 05
Architecture | Gold Prize

建筑类 | 金奖 07
Architecture | Gold Prize

同济大学运筹楼外立面装饰

同济大学运筹楼原为同济大学经济与管理学院大楼，为旧楼改造项目，通过优化建筑外立面、室内声环境来改造外形。立面中引入波浪形的线条，使改造后的运筹楼外形灵动、时尚。波形混凝土板从波纹舒缓到波动剧烈共有15种基本波形单元，通过立面设计排版形成跌宕起伏的波浪形态，犹如优美的旋律，更仿佛是随风摆动的时装，优雅、时尚。

外墙装饰挂板采用高性能复合纤维与特种助剂配制成的纤维混凝土材料，通过弹性橡胶装饰造型模板制作而成，外饰面涂敷仿青铜金属着色剂，使外墙板如金属薄板般轻盈、灵动。建筑外立面的颜色和光影效果随光线不同而发生微妙的变化，展现出不同的样貌。

本项目为装饰混凝土用于老建筑改造的优秀案例。TRC 纤维织物增强装饰混凝土的巧妙应用，赋予老建筑时尚感，别具创意。该项目同时获得最佳创意奖、材料/工艺创新奖和绿色发展优秀奖。

设计：同济大学建筑设计研究院　李正涛
　　　意大利 Archea 建筑事务所 Francesco Glordani
申报单位：上海鼎中新材料有限公司

The Facade Decoration of Tongji University Operations Building

Design: Li Zhengtao, Architectural Design & Research Institute of Tongji University
Francesco Glordani, Archea Architecture Office, Italy
Applicant: Shanghai Dingzhong New Materials Co., Ltd.

建筑类 Architecture | 金奖 Gold Prize | 09

河北北方学院体育馆

　　河北北方学院体育馆为2022年冬奥会的基础项目，位于河北省张家口市河北北方学院校园内，建筑面积26352.4m²，主体建筑高度27.5m。设计灵感源于张家口的民间艺术——剪纸，主体色调犹如冰雪的白色，如同一张等待裁剪的白纸，用剪刀剪开后，经过扭转形成了立体的"灯笼"造型，简洁明快，极具张力和震撼力。采用白色GRC幕墙表皮，高达9m的240根GRC板中间部分有韵律的进行180°扭转，恰到好处地将其后蓝色墙面显露出来。当夜幕降临时，灯光从表皮缝隙透射出来，宛如一盏熠熠生辉的彩灯，点亮城市的夜空。

　　本项目采用新型GRC面板材料及创新的构造体系，并使用数字化设计技术及制造工艺实现设计造型。体育建筑的文化特征和地域文化特色通过GRC材料产生了完美的融合与体现。该项目同时获得最佳创意奖和材料/工艺创新奖。

设计：天津大学建筑设计研究院
申报单位：南京倍立达新材料系统工程股份有限公司

Hebei North College Gymnasium

Design: Architectural Design & Research Institute of Tianjin University
Applicant: Nanjing Beilida New Materials System Engineering Co., Ltd.

建筑类 | 金奖 | 11
Architecture | Gold Prize

建筑类 | 金奖 | 13
Architecture | Gold Prize

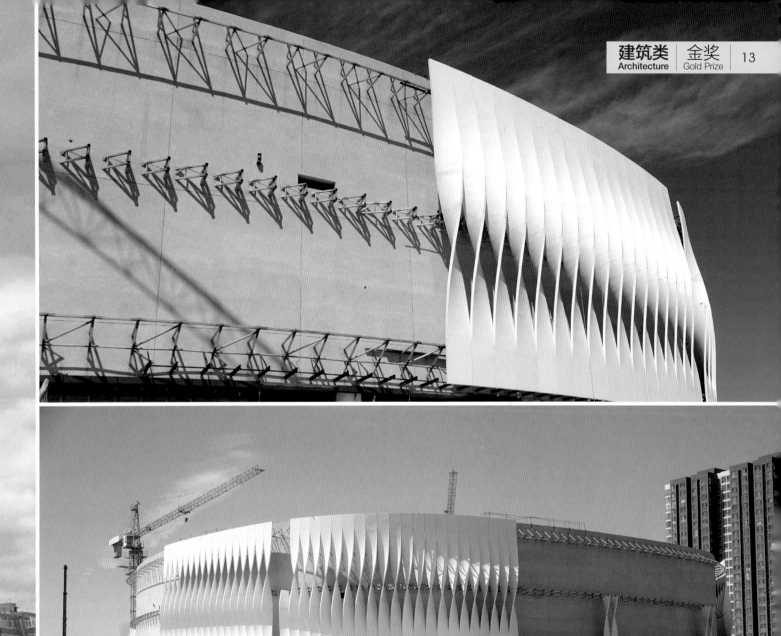

建筑类 | 银奖 | 15
Architecture | Silver Prize

长沙梅溪湖国际文化艺术中心

梅溪湖国际文化艺术中心是长沙市文艺地标性建筑，由世界建筑普利兹克奖的获得者伊拉克裔英国女建筑师扎哈·哈迪德女士担纲设计。该艺术中心分为大剧院、艺术馆和小剧场三个单体建筑，以芙蓉花作为文化的具象表达，巧妙地利用建筑艺术与技术的手法，将大剧院、艺术馆和小剧场三朵芙蓉花状的建筑绽放于梅溪湖畔，使建筑功能与地标景观融为一体。

建筑表皮为流畅的非线性复合几何面，构造交界面多，表现力丰富。使用新型GRC挂板，充分发挥材料的塑型能力。白色质感，仿石材、仿砂岩肌理更凸显了建筑物的外在张力。充分利用数字化技术进行模板分解、板块制作、安装节点的设置与定位，使得幕墙系统整体有序，满足大跨度、大曲面的造型要求，体现了建筑的张力与动感效果。该项目采用GRC挂板面积约5万m^2。作为当下最为复杂、难度最大的GRC幕墙工程，体现了创新的力量。该项目同时获得最佳创意奖和材料/工艺创新奖。

设计：扎哈·哈迪德
申报单位：南京倍立达新材料系统工程股份有限公司

Changsha Meixi Lake International Culture and Art Center

Design: Zaha Hadid
Applicant: Nanjing Beilida New Materials System Engineering Co., Ltd.

建筑类 | 银奖 Architecture | Silver Prize | 17

呼和浩特市昭君博物馆新馆

呼和浩特市昭君博物馆新馆位于呼和浩特市南郊昭君文化旅游区，景区以青冢（昭君墓）为视觉中心，沿中央神道主轴两侧建有和亲园、匈奴博物馆、昭君故里游园、单于大帐等建筑。博物馆新馆选址在神道南侧，守住在神道两端与青冢遥相呼应，并且串联整个场地，不仅作为旧馆的升级，同时也起到了景区大门的作用。新馆设计表达谦逊的姿态，为了凸显青冢，进行自我弱化、降低高度、调整虚实，形成青冢与新馆和谐的主次关系。

新馆追溯和回归中国古老的土木建构方式，用现代材料再现传统材料的踪迹，以材料间的对话连接历史与当下。建筑外立面主要采用仿夯土艺术混凝土挂板，入口雨棚选择重组竹为主材，穿插搭接而成。其中"土"的表现力来自仿夯土混凝土挂板的颜色和肌理。板材由装饰混凝土和GRC材料复合而成，夯土墙肌理由技术工人采用雕塑的手法制模，通过模具浇筑成型，将其质感、夯纹的残破、风化表现得栩栩如生。产品制作中有效掺入固体废弃物，提升了其绿色环保价值。

该项目为现代工业产品再现传统建造方式的优秀案例。精准且匠心独到的产品制作，完整实现了建筑造型，很好地诠释了博物馆建筑的特性。该项目同时获得绿色发展优秀奖。

设计：中国建筑设计院有限公司　曹晓昕、詹红、尚蓉、梁力、宋涛
申报单位：北京宝贵石艺科技有限公司

The Zhaojun Museum New Building of Hohhot City

Design: Cao Xiaoxin, Zhan Hong, Shang Rong, Liang Li, Song Tao, China Architecture Design & Research Group
Applicant: Beijing Baogui Stone Crafts Technology Co., Ltd.

建筑类 | 银奖 | 21
Architecture | Silver Prize

摩乐茶

现代茶饮空间"摩乐茶",一座普通的饮茶品茗的社交空间,将现代的工业手法和文化思考巧妙融入其间,精致、内敛、随性。设计师力求营造精致、清新、简约、独具个性的现代社交空间,让到访者能获得更加轻松和自由的感受。

从进入黑色大片门洞开始,在幽暗的混凝土空间里环绕中央巨大的蓝色水磨石大方盒周围,可以完成所有或行或坐或靠,或独思或交谈,或观察或探讨的现代社交行为。明亮的蓝色水磨石和灰哑的水泥形成视觉反差对比,而黄铜配饰的加入,让整体气质更加硬朗、精致。蓝色水磨石与超高性能混凝土制作而成的灰色水泥墙体,具有超强的抗污和耐磨性,用于茶饮空间更易清洁。以石材边角料作为骨料,让废弃材料得以重新利用,彰显绿色、环保价值观。该项目同时获得最佳创意奖和绿色发展优秀奖。

设计:王晓文、吴瑞敏、薛佳勋、林燕秋、黄治锐
申报单位:广东无边界建筑设计有限公司

Mole Tea

Design: Wang Xiaowen, Wu Ruimin, Xue Jiaxun, Lin Yanqiu, Huang Zhirui
Applicant: Guangdong Boundless Construction Design Co., Ltd.

建筑类 | 银奖 | Architecture | Silver Prize | 23

贵州轻工学院花溪校区图书馆

贵州轻工学院花溪校区图书馆项目设计充满灵性，在充分考虑周边地形地貌的情况下，采用融景的方式进行仿生营造——仿自然璞石，且与后面山体自然嵌固融合，有机生长，赋予建筑自然的属性。棱廓分明、雕塑感强的建筑造型，稳重、有张力的清水混凝土质感，片石纵横的建筑肌理，曲折婉转、步移景异的室内空间，充分体现贵州的本土地域特征及衍生出来的山地文化，表达了建筑对自然的尊重与融合。

采用清水混凝土与本地青色片石镶嵌及拼贴的方式表达建筑的外在形态，既体现了贵州岩石文化特征，又表达了清水混凝土朴实无华、自然沉稳的外在韵味。开创性采用了门窗造型和外墙一次浇筑成型技术，精准的制作诠释了制作者的匠心与能力。通过清水混凝土的应用，减少了大量外墙装饰环节，达到了返璞归真和节能绿色的效果。

设计：贵州大学勘察设计研究院 徐新家、黎明、吴文锋、周姝炜
申报单位：北京益汇达清水装饰工程有限公司

The Huaxi Campus Library of Guizhou Institute of Light Industry

Design: Xu Xinjia, Li Ming, Wu Wenfeng, Zhou Shuwei, Survey & Design Institute of Guizhou University
Applicant: Beijing Yihuida Bare Concrete Decoration Engineering Co., Ltd.

建筑类 | 银奖
Architecture | Silver Prize | 25

晋中博物馆

晋中博物馆是以展现晋中悠久历史和地域文化,促进市民公共文化活动而建造的。博物馆采用回字形布局,由内外两部分组成。中间的方正内核为博物馆永久展厅,外围则主要为临时展厅和文化休闲区。内核形体方正端庄,外围部分则略有起伏,强调其围绕内核旋转的动势,象征着内儒外商、内静外动的晋商文化内涵。

建筑整体采用深灰色调,以回应晋中传统建筑中灰砖的色调。内核使用仿青砖混凝土装饰挂板,外围使用当地所产深灰青石,门洞上仿砖雕图案构成内外两种材料的反衬,形成极富质感的戏剧化对比效果,强化了内核与外围两个空间之间的层次。装饰混凝土板以特种水泥为胶凝材料,以废石碴、废石粉为主要原料,模塑成型,具有轻质、高强、板幅大、肌理变化丰富的特点。该项目同时获得绿色发展优秀奖。

设计:清华大学建筑学院 单军
申报单位:北京宝贵石艺科技有限公司

Jinzhong Museum

Design: Shan Jun, School of Architecture, Tsinghua University
Applicant: Beijing Baogui Stone Crafts Technology Co., Ltd.

建筑类 | 银奖 | 29
Architecture | Silver Prize

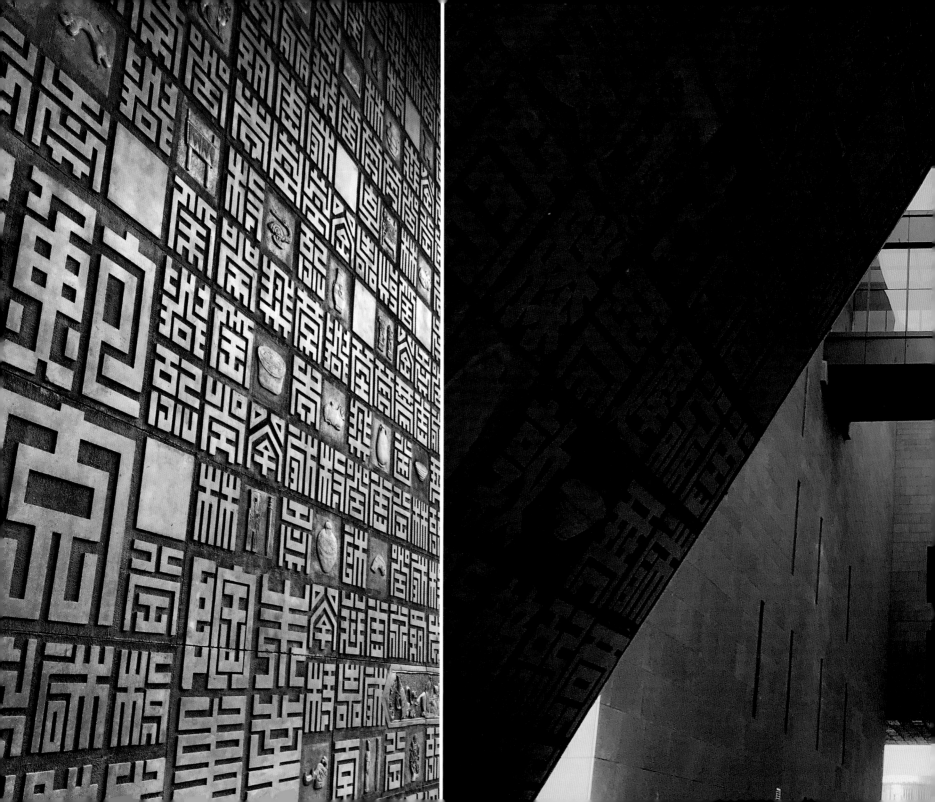

建筑类 | 银奖 | Architecture | Silver Prize | 31

建筑类 | 银奖
Architecture | Silver Prize   33

北京城市副中心行政办公区 A2 项目

北京城市副中心行政办公区是一个集约、高效、本土、人文、朴素、典雅的建筑群。A2 项目是包括主楼 1 座、副楼 4 座的办公区建筑群，它们形态各异、功能不同。

北京城市副中心首次大面积应用预制混凝土挂板幕墙。A2 项目是混凝土框架结构，整个外墙围护系统都是装配式板材，采用三维立体、带窗套的大型清水混凝土构件。将混凝土挂板按照洞口尺寸做成一个整体，内部加筋、加挂件、加连接螺杆等。形式上包含各种装饰性线条、直角、斜截面、斜交截面、转角弧面等，其中各方向交叉面最多的一块达到 52 个平面，具有一定的挑战性和难度。

预制清水混凝土外墙板融合了保温、防火、门窗、照明、装饰等多重功能，通过标准化设计、工业化生产、机械化施工方式实现装配式建筑。清水混凝土的质感，多样性几何形状和交合截面的有序组合，精准的制作与安装，使建筑外立面大气稳重，具有艺术感。

建筑设计：北京市建筑设计研究院有限公司　朱小地
幕墙设计：中国建筑设计院有限公司　罗忆
申报单位：北京榆构有限公司

The Administrative Office Area A2 Project of Beijing City Sub-Center

Architectural Design: Zhu Xiaodi, Beijing Architectural Design & Research Institute Co., Ltd.
Curtain Wall Design: Luo Yi, China Architecture Design & Research Group
Applicant: Beijing Yugou Co., Ltd.

北京松美术馆

北京松美术馆是利用旧建筑物改造成为高标准的私立美术馆。采用白色装饰混凝土板,最大板块长度超过 10m,围合成点、线、面极为清晰的几何形状,纯粹、干净,使其成为一座极具东方气质的"艺术容器"。简约、清新的美术馆,在自然光照射下,建筑物与庭院植物间互为依托形成一幅别具特色的水墨画。

该项目是旧建筑改造和利用的不错案例,为装饰混凝土材料在旧城改造中发挥作用提供了值得开拓的市场空间。

申报单位:砼创(上海)新材料科技股份有限公司

Beijing Song Art Museum

Applicant: Tongchuang (Shanghai) New Materials Technology Co., Ltd.

建筑类 | 铜奖
Architecture | Bronze Prize 37

北京行政副中心清水混凝土连廊

该项目为北京行政副中心行政办公区 A2 工程的附属功能工程，由 7 号主楼入口大厅、主楼东西门厅及连廊、2 号–5 号连廊及四个景观亭组成，使整个建筑巧妙地融为一体，确保建筑群的整体性、功能性和艺术性。

采用现浇饰面清水混凝土，混凝土设计强度等级为 C50，采用 BIM 技术建模，全自动数字模板裁割机下料切割，将模板加工误差从 1mm 精确到了 0.1mm，有效地保证了施工效果。创新研发新型几字梁龙骨体系，保证了梁板柱的安装精度。饰面质感光滑细腻，整体观感端庄厚重、混凝土肌理自然匀称。

设计：中国建筑设计院有限公司　郑世伟、刘艳辉
申报单位：重庆市益汇达建筑工程有限责任公司

The Bare Concrete Corridor of Beijing Administrative Sub-Center

Design: Zheng Shiwei, Liu Yanhui, China Architecture Design & Research Group
Applicant: Chongqing Yihuida Construction Engineering Co., Ltd.

建筑类 | 铜奖
Architecture | Bronze Prize

罗浮洞天

罗浮山被道教尊为天下第七大洞天。山中有一座客家传统围屋（罗浮洞天），与自然山水融为一体，悄然对话。大堂接待处采用竹印肌理的装饰混凝土挂板，通过水泥的转换，使温柔的竹充满无穷的力量，而冰冷、刚毅的水泥有了不一样的温情和雅致，多了一份对自然的亲和。

项目发挥混凝土材料的塑型能力，采用自然真竹为模板，以特定配方的混凝土浆料浇筑成型，配以排布合理的加强筋，一板到顶。将竹子的自然形态融入混凝土板表面作为建筑内饰，简约朴素，与环境搭配适宜。

设计：梓晴
申报单位：广州市双瑜建筑艺术工程有限公司

Luofu Cave

Design: Zi Qing
Applicant: Guangzhou Shuangyu Construction Art and Engineering Co., Ltd.

建筑类 | 铜奖　43
Architecture | Bronze Prize

川隈杂谈

项目提取四川文化中最日常、最本土的物质——竹子作为川菜馆的空间介质，用竹网来表达四川非物质文化。绵延贯穿整个空间的竹网与味道浓郁辛辣的川菜一道，将食客的身心包围。昏黄灯光与灰色混凝土墙体、餐桌配合，营造出川菜雅与俗并存的文化特质。

混凝土墙体、餐桌以回收粉碎的废弃瓷砖或拆迁混凝土建筑废渣为骨料，混合超高性能混凝土 (UHPC) 一体浇筑而成。将 UHPC 本身极高的抗磨蚀性能应用到家具上，经过抗污处理，解决了普通混凝土桌面就餐后不宜清洁的问题，可有效抵抗食物油污与硬物摩擦。采用混凝土与竹编作为装饰主材彰显本土文化的内涵，使得传统的餐饮空间多了一份传统与现代有机结合的美的感受。

设计：王晓文、吴瑞敏、薛佳勋、林燕秋、黄治锐
申报单位：广东无边界建筑设计有限公司

Chuanwei Zatan

Design: Wang Xiaowen, Wu Ruimin, Xue Jiaxun, Lin Yanqiu, Huang Zhirui
Applicant: Guangdong Boundless Construction Design Co., Ltd.

建筑类 | 铜奖
Architecture | Bronze Prize 45

广东以色列理工学院（北校区）

山、水、院、廊间的逻辑关系，通过创意设计恰到好处地围合与连接，构成了立体、活跃的研究创新型校园氛围和空间感受。建筑物墙体大面积的浅灰色，让整个建筑线条流畅，整体效果统一，自然地体现了冷静、沉稳而严谨的理工学院风格。

外墙饰面材料选用经高温蒸压养护处理的高性能纤维增强水泥板，板材密度高，达到 $1.60 g/cm^3$，性能优异而稳定，质量轻、强度高、耐候性好。与大量玻璃窗户和谐搭配，让人充分感受到学校开放、自由、共享的学术氛围。

设计：广东南雅建筑工程设计有限公司、摩西利·爱尔达建筑设计事务所、华南理工大学建筑设计研究院
申报单位：广州埃特尼特建筑系统有限公司

Guangdong Israel Institute of Technology (North Campus)

Design: Guangdong Nanya Architecture Engineering Design Co., Ltd., Mochly - Eldar Architects, Architectural Design & Research Institute of SCUT
Applicant: Guangzhou Eternit Construction System Co., Ltd.

太原幼师新校区图书馆

图书馆塔楼和裙房均采用平行四边形造型，和周边建筑和谐统一，共同构建六边形的建筑院落空间。墙体采用清水混凝土和清水砖两种饰面材料。清水砖颜色浑厚、沉稳、亲切，构建水平空间，清水混凝土强健有力、素雅、冷峻，形成竖向空间，两种材料既和谐统一又相互衬托，突出了太原幼师的校园文化内涵。

项目采用普通水泥添加大量工业废料配制的混凝土，实现灰白色清水混凝土效果，白度达到 78%。单侧支模现浇，高度为九层 40.5m 高，为国内最大的单侧支模清水混凝土项目，工艺上有所创新。

设计：中国建筑设计院有限公司　崔愷、王效鹏、单立新
申报单位：重庆市益汇达建筑工程有限责任公司

The Library of Taiyuan Kindergarten New Campus

Design: Cui Kai, Wang Xiaopeng, Shan Lixin, China Architecture Design & Research Group
Applicant: Chongqing Yihuida Construction Engineering Co., Ltd.

江苏金坛人防指挥所

项目建筑立面取当地茅山"勾曲"之意,针对场地周边地面的交通环境,对方形建筑底部进行冲切形成各向不同程度的内凹,打破室内、外区隔,形成通透而消隐的底层界面。底部自由流畅的透明界面与上部半透明体量间的并置释放着整个形态的张力,渗透着动静有致、刚柔并济、虚实相映的设计哲学,整体呈现出一种轻盈的建筑形象。

外立面柱为荔枝面效果GRC,通过不同的斜度,让整个建筑线条流畅、整体效果显得飘逸灵动,充满着动感和活力。利用塑型混凝土线条装饰建筑外立面,具有现代感。

申报单位:砼创(上海)新材料科技股份有限公司

The Civil Defense Command of Jiangsu Jintan City

Applicant: Tongchuang (Shanghai) New Materials Technology Co., Ltd.

建筑类 | 铜奖 & 最佳创意奖 | 49
Architecture | Bronze Prize & Best Ingenuity Award

建筑类 | 铜奖 | 51
Architecture | Bronze Prize

未来石蒙古包

　　项目使用现代手法表现简约、时尚的蒙元文化的新型蒙古包建筑。以蒙古族游牧生活使用的毡包主体作为主要塑型元素，结合现代人对色调，质感、装饰、花式的审美偏好以及现代建筑的功能需求，通过GRC产品的不同形状、不同质感和肌理，形成造型丰富，具有时代感、民族特色显著的新型水泥材质的装配式蒙古包。可自由组合，尺寸灵活，拆装方便，耐久性好。

　　"未来石蒙古包"采用现代材料与建造方法，改造和提升了传统蒙古包的功能，是一个有价值的尝试。

设计：内蒙古建筑勘察设计院　金腰丝吐、金贺喜格图
申报单位：河北宏京新型建材有限公司

Future Stone Yurt

Design: Jinyaositu, Jinhexigetu, Construction Reconnaissance Design Research Institute of Inner Mongolia
Applicant: Hebei Hongjing New Building Materials Co., Ltd.

漳州招商局职工之家

漳州招商局职工之家背靠青山，周围多为白色、灰色多层办公用房，外立面采用白色宽条纹 GRC 板，其具有水磨白砂岩质感，与周边环境高度融合。由 GRC 装饰板背负钢架，填充筑粒混凝土保温材料，背部加封高密度纤维水泥板组合成大幅面的外挂板单元，形成装饰、保温、围护一体化结构。单块最大面积 29.6m²，单位质量 290kg/m²，单块最大质量 8.6t。墙体导热系数 0.07，接缝处采用双层防水减压舱、骑扣构造方式，气密性好。

在钢构框架结构体系中实现了大面积、单元式装饰、保温、围护一体化外挂板的建造与安装。

申报单位：大连东都建材有限公司

Zhangzhou Merchants Staff Home

Applicant: Dalian Dongdu Building Materials Co., Ltd.

雍和航星科技园

项目体现深厚的文化底蕴，强调与周边地坛公园及雍和宫等历史古迹有机融合，既有现代建筑的味道，又不失与历史建筑的亲和。选用深色锯齿状纹理的装饰混凝土挂板，以增强建筑的厚重感。在阳光照射下，深色的宁静与质朴的纹理相得益彰。

项目采用规则宽度齿条板与齿条清水混合 U 型装饰混凝土挂板，总面积达 25000m^2。装饰混凝土挂板制作精准，与设计高度吻合，以楼层为单位，高度为一层楼一块整板，整体效果好。沉稳的质感与周边古建筑形成呼应，是一个采用成品挂板和玻璃幕墙及金属构件高精度结合的案例。

申报单位：北京雷诺轻板有限责任公司

Yonghe Navistar Science Park

Applicant: Beijing Leinuo Light Plates Co., Ltd.

建筑类 | Architecture　铜奖 | Bronze Prize　55

景观类
Landscape

银川韩美林艺术馆文化墙

　　项目为银川韩美林艺术馆内一段艺术墙。设计者希望这面墙像岩画遗迹一般,既表达人类的智慧,又与大自然融为一体。浮雕墙板表面为仿贺兰山岩石效果,通过岩石形状及颜色的组合使整个墙面立体感强且富于变化,古老岩画艺术与现代材料技术间的交合与碰撞,将历史与当下通过文化纽带串联起来。

　　采用雕塑的制作工艺,用聚苯板模具,综合锛、削、砍、叨、烫的不同手法,模仿当地石头效果。采用混凝土材料制作,通过石碴的天然色彩调配出三种不同颜色,使整个墙面色彩真实自然、耐久性好。该项目同时获得最佳创意奖、材料/工艺创新奖和绿色发展优秀奖。

设计:张宝贵
申报单位:北京宝贵石艺科技有限公司

The Cultural Wall of Han Meilin Art Museum, Yinchuan

Design: Zhang Baogui
Applicant: Beijing Baogui Stone Crafts Technology Co., Ltd.

泥河湾国家遗址考古公园

泥河湾遗址群,以丰富的哺乳动物化石和人类旧石器遗迹而闻名于世。项目系泥河湾古生物文化遗址护坡,运用装饰混凝土三角斜齿条节奏板及夯土肌理板套色,与当地地质地层颜色相符,以剪影套色的形式体现人与自然的和谐,用节奏齿条的叠压来体现时间在这里沉积的印记,体现泥河湾旧石器时代早、中、晚期文化的时空框架,夯土节奏板能更好地体现历史的厚重及沉淀。

应用装饰混凝土做护坡,是一个开创性的尝试。设计创意得体,画面有故事,融入周围的自然环境,是一个基于自然的艺术表达。该项目同时获得最佳创意奖、材料/工艺创新奖和绿色发展优秀奖。

设计:于杰
申报单位:北京宝贵石艺科技有限公司

Nihewan National Ruins Archaeological Park

Design: Yu Jie
Applicant: Beijing Baogui Stone Crafts Technology Co., Ltd.

厦门宝龙一城风井 UHPC 镂空百叶

将风井巧妙地设置在地面绿植内,利用镂空的大叶片图案改变风井百叶千篇一律的条纹造型,利用超高性能混凝土(UHPC)的高强度特点,使产品整个平面实现 60% 以上的镂空率,使原本突兀的方块状风井,若隐若现于茂密的绿色植物之中,将功能性构筑物转变成具有景观功能的装饰物。产品使用寿命长,建筑寿命周期内无需更换,有效降低了维护成本,也避免了其他传统材料更换过程中产生的废品、废物污染。

该项目充分发挥混凝土材料的特性,将产品的功能与艺术有机结合,有推广借鉴价值。

申报单位:大连东都建材有限公司

Ventilation Shaft UHPC Hollow Shutters of Xiamen Baolong Yicheng Community

Applicant: Dalian Dongdu Building Materials Co., Ltd.

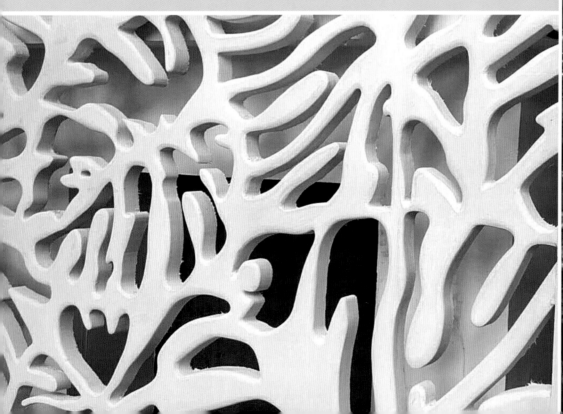

北京金宝街围墙艺术装饰墙板

混凝土艺术围墙用简单的图案演绎出不一般的效果，用似曾相识的画面讲述过去的故事。传统的青砖色与凹凸的火山岩肌理搭配使人们感受到历史的厚重，现代装饰混凝土材料与工法让传统与现代产生碰撞，得以升华。

项目设计巧妙，产品加工精致，质感、凸凹的变化、缝的连接、与金属材料的结合，都体现了现代工业产品的精细与品质追求。该项目同时获得最佳创意奖。

申报单位：北京东方世爵艺砼建筑工程研究院

The Art Decoration Wall Panel of Beijing Jinbao Street Fence

Applicant: Beijing Oriental Shijue Art Concrete Construction and Engineering Institute

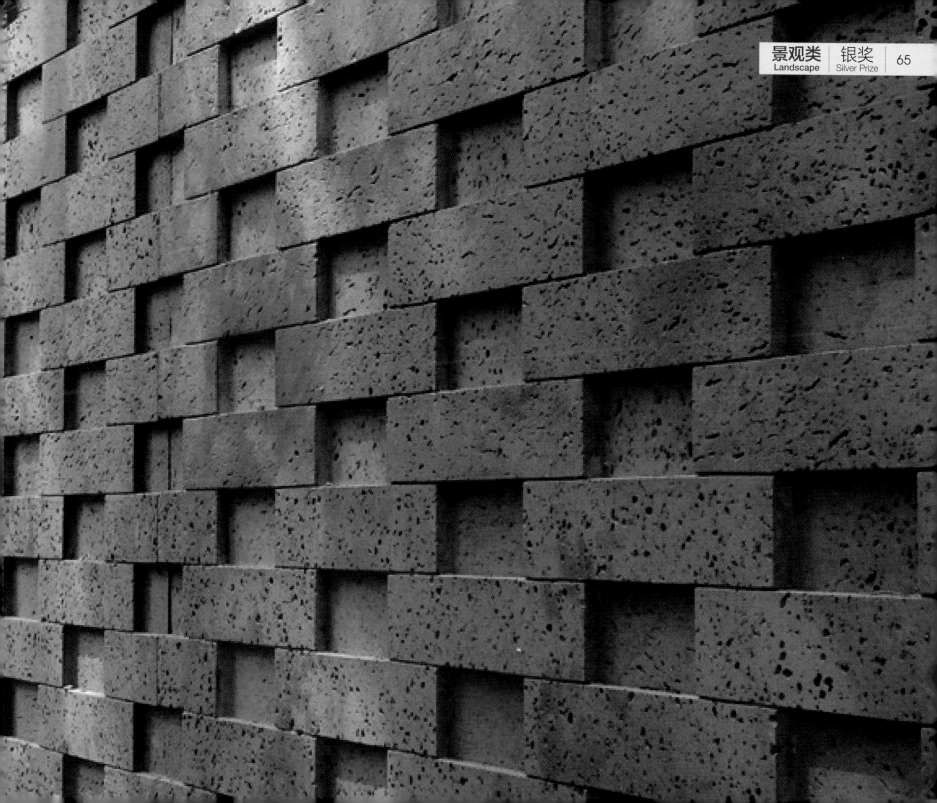

酉阳桃花源太古洞

项目以太古洞内天然溶洞原石纹理为基础，从入口开始层层推进，在保证原结构稳定性的前提下，分段、分区域进行小景观设计，同时保证行人的可通过性、安全性、趣味性。造型以天然洞穴、石窟、人造隧道内的各种怪石、奇石、岩壁为主。质感、颜色、肌理以水泥基材料仿天然石表皮为主，并添加各种人文符号，比如狩猎石刻、农耕石刻、各类文字"天书"石刻等等。

利用混凝土材料的可塑性，形成带有人文符号气息的仿自然岩洞的艺术观赏洞穴。

设计：陈攀、燕红星
申报单位：中科巨匠建筑科技有限公司

The Peach Blossom Spring Ancient Cave of Youyang

Design: Chen Pan, Yan Hongxing
Applicant: Zhongke Jujiang Construction Technology Co.,Ltd.

景观类 | 银奖 | 67
Landscape | Silver Prize

青岛万达英慈医院内部装饰

青岛万达英慈国际医院内部装修选用的是环保性水泥基人造石。以白色和米黄色人造石为地面装修主材，符合医院洁净、自然的环境。因为医院的特殊性，对环境有无菌要求以及医疗仪器对静电的要求，此项目中水泥基人造石生产制作过程中，对产品赋予抗静电和抗菌属性，提高了产品的附属功能。

申报单位：东莞环球经典新型材料有限公司

Interior Decoration of Qingdao Wanda Yingci Hospital

Applicant: Dongguan Global Classic New Material Co., Ltd.

景观类 | 银奖 | 69
Landscape | Silver Prize

景观类 | 铜奖
Landscape | Bronze Prize

彩色生态框

彩色生态框是一种集装饰与功能于一体的混凝土护坡产品，可用在山体修复、水利护坡、公路边坡、住宅边坡、园林景观、矿山复绿等方面。通过仿石、镂空以及框架式结构将混凝土塑造出一种可以大规模应用到河道治理、生态再造和美化环境的产品，其形态及颜色与周围环境融为一体，改变了传统意义上灰色水泥砌块或天然石头堆砌的河道围护系统。该项目同时获得绿色发展优秀奖。

申报单位：建华建材（中国）有限公司

Colorful Ecological Frame

Applicant: Jianhua Building Materials (China) Co., Ltd.

北京乐多港奇幻乐园

北京乐多港奇幻乐园硬质景观设计，整体结合项目主题打造多元化的概念。乐园采用街区式规划布局，融入中国传统文化元素，从久远的历史到现代，文化元素较为丰富，达到"一步一景"。在特定区域采用残破、做旧等手法体现年代感。整个园区采用多种装饰混凝土材料，包含主题压印地面、玻璃骨料地面、洗砂艺术地面、彩绘地面、弧形台阶等。

设计：北京中景橙石科技股份有限公司
申报单位：北京中景橙石科技股份有限公司

Beijing Leduo Port Wonderland

Design: Beijing Orangestone Construction Technology Co., Ltd.
Applicant: Beijing Orangestone Construction Technology Co., Ltd.

景观类 | 铜奖 | 73
Landscape | Bronze Prize

广州长隆野生动物世界熊猫山展区

项目整体表现的场景是模拟大熊猫生长的环境，采用仿尘土的装饰混凝土地面，并展现树根、竹子、竹叶等与熊猫相关的元素，突出主题，渲染环境氛围。整个园区采用多种装饰混凝土材料及施工工艺，包含主题压印地面、玻璃骨料地面、洗砂艺术地面、彩绘地面、化学着色地面、混凝土马赛克地面、弧形台阶、景观坐凳、矮墙等。主题公园运用混凝土材料的各种表现手法，具有多元的可操作性，在其造型、肌理、色彩等方面有着丰富的表达。

设计：北京中景橙石科技股份有限公司
申报单位：北京中景橙石科技股份有限公司

The Panda Mountain Exhibition of Guangzhou Changlong Wildlife World

Design: Beijing Orangestone Construction Technology Co., Ltd.
Applicant: Beijing Orangestone Construction Technology Co., Ltd.

| 景观类 Landscape | 材料 / 工艺创新奖 Material / Craft Innovation Award | 75 |

景观类 Landscape | 铜奖 Bronze Prize | 77

浙江省舟山市桥畔公园景墙

浙江省舟山市桥畔公园景墙全部采用混凝土材料制作。波纹肌理板采用弹性造型模板，体现了海水与波浪元素，作为桥畔公园金属字铭牌的背景墙。波纹肌理与门框之间的部分为舟山小干二桥写意画面，为整个景墙的亮点。采用露骨料影像技术，通过混凝土板面露骨料部分与素混凝土部分对比形成影像。门框也为混凝土预制构件。门框右侧的镂空墙体上的休闲坐凳是镂空墙体有特色的部分，打破镂空墙体冗长的感觉，不单调，充满趣味性。

设计：方案设计　田丰；深化设计　闵剑锋
申报单位：上海鼎中新材料有限公司

Bridgeside Park View Wall in Zhoushan City, Zhejiang Province

Design: Scheme Design Tian Feng; Deepen Design Min Jianfeng.
Applicant: Shanghai Dingzhong New Materials Co., Ltd.

景观类 | 铜奖

雄安市民服务中心项目

雄安市民服务中心项目的树池、坐凳、汀步、踏步、阻车桩等大量使用清水混凝土制作，既节能环保，又体现朴实无华、庄重大方的风格。中灰色的清水混凝土表面细腻、光滑，不做任何修饰。混凝土采用C60基础配合比，使用高掺量粉煤灰和高炉矿渣等，尽可能应用工业废料，并提高混凝土的密实性和耐久性。混凝土浇筑采用反打工艺，一次浇筑成型。

申报单位：益汇达（北京）工程科技有限公司

Xiong'an Civic Center Project

Applicant: Yihuida (Beijing) Engineering and Technology Co., Ltd.

家居 / 工艺品类
Furniture & Craftwork

家居 / 工艺品类 | 金奖 | 83
Furniture & Craftwork | Gold Prize

Grand gourmet 桌椅

桌椅是为位于上海新天地的 Grand gourmet 旗舰店定制的，设计由六边形拓扑变换生成，以系统化的简洁几何形状体现华贵气质。此套家具为白色超高性能混凝土整体浇筑而成，底座部分采用电镀铜工艺，与现场环境融合统一，极富美感和现代感。超高性能混凝土的优异流动性保证了整体一次性浇筑，使混凝土家具的表观质量和造型细节得到完美的呈现。

该套混凝土座椅堪称近年来混凝土家具的精品之作。产品外形与色彩的把握，凸显了高端制作的品味；材料的细腻质感与精细工艺改变了混凝土"近体尺度"的不良质感体验。该项目同时获得最佳创意奖、材料/工艺创新奖、绿色发展优秀奖。

设计：王振飞
申报单位：中科巨匠建筑科技有限公司

Grand Gourmet Tables and Chairs

Design: Wang Zhenfei
Applicant: Zhongke Jujiang Construction Technology Co., Ltd.

影 – 混凝土光影成像墙砖

"影"墙砖利用水泥可塑性的材料特质，将立体结构融于墙砖平面中，利用光在墙砖平面上折射形成的阴影深浅来营造具有立体感的图案，为混凝土墙砖的装饰效果展开了更加开阔的空间。该项目采用超高性能混凝土技术完成制作，将陶瓷边角废料磨细当作填充料，废料占比达 50% 以上，体现了产品研发者珍惜资源、绿色发展的情怀和技术内涵，在装饰混凝土产品利用固体废弃物、提升产品的环境保护内涵上有良好的示范作用。该项目同时获得最佳创意奖、材料/工艺创新奖、绿色发展优秀奖。

设计：许刚、陈维康
申报单位：广州本土创造文化发展有限公司

Shadow - Concrete Light and Shadow Imaging Wall Tiles

Design: Xu Gang, Chen Weikang
Applicant: Guangzhou Local Innovation Culture Development Co., Ltd.

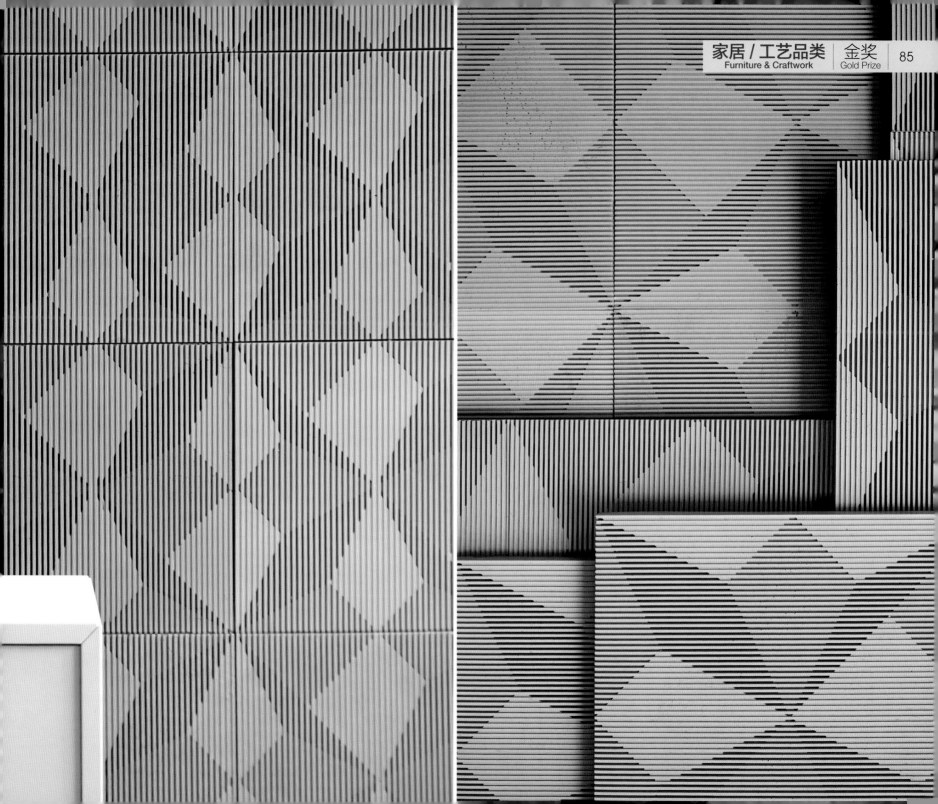

家居 / 工艺品类 | 金奖
Furniture & Craftwork | Gold Prize | 85

混凝土灯阵

　　混凝土灯阵用长宽各六盏灯组成一个36盏灯的灯阵，表达朴素的六六大顺的期盼。灯阵具有高度夸张和流畅的外观，缤纷的色彩，迎风摇曳，婀娜多姿。产品以废石碴、废石粉为原料，以特种水泥为胶凝材料，以多维的纤维毡为增强材料。颜色通过不同的石碴、石粉来调配，薄层平铺，让砂浆充分浸润纤维毡，并故意留出空白，似漏非漏，斑斑驳驳。纤维毡的编织纹理若隐若现，仿佛是为灯神制作的新衣。寂静的夜晚，光影婆娑，为环境增添一份神秘的美。该项目同时获得绿色发展优秀奖。

设计：张宝贵
申报单位：北京宝贵石艺科技有限公司

Project Name: Concrete Lamp Array

Design: Zhang Baogui
Applicant: Beijing Baogui Stone Crafts Technology Co., Ltd.

家居 / 工艺品类 | 金奖　87
Furniture & Craftwork | Gold Prize

银奖 | 家居 / 工艺品类
Silver Prize | Furniture & Craftwork

香薰盒

剪纸生肖狗香薰盒通体采用超高性能混凝土（UHPC）材料制作，分为带有生肖狗镂空图案的盒盖和底盒组成。产品以2018年中国传统狗年生肖剪纸图案作为主要设计元素，结合香薰这一传统而现代的室内环境和氛围营造手法，突破性地使用了混凝土材料结合精细制作工艺，使此款产品从设计到完成效果都具有较强的创新性和新颖性。产品为圆形，表面光滑细腻、自然朴素，尤其是生肖狗图案采用整体凸出盒面且局部镂空的工艺，使图案显得生动逼真。产品整体为水泥素色，色差自然均匀，盒盖及底盒为薄壁构造，显得纤巧又不失沉稳。该项目同时获得材料/工艺创新奖。

申报单位：广州市玖珂瑭材料科技有限公司

Aromatherapy Box

Applicant: Guangzhou Jiuketang Materials Technology Co., Ltd.

家居/工艺品类 | 银奖 | 89
Furniture & Craftwork | Silver Prize

中－混凝土乒乓球桌

项目采用坚实耐用的混凝土材料，简洁富有创意的设计，制作的一款安装、运输十分方便的适用户外的乒乓球桌。乒乓球在中国被誉为"国球"。这项简便易行、不限阶级和年龄的运动，成为了风靡社会大众的康乐活动，户外混凝土乒乓球桌也将作为休闲娱乐的重要器械服务于社区户外健身活动。

设计：陈星宇、周银坤、何良宇、杨文超、洪捷先
申报单位：广州本土创造文化发展有限公司

Medium - Concrete Ping Pong Table

Design: Chen Xingyu, Zhou Yinkun, He Liangyu, Yang Wenchao, Hong Jiexian
Applicant: Guangzhou Local Innovation Culture Development Co., Ltd.

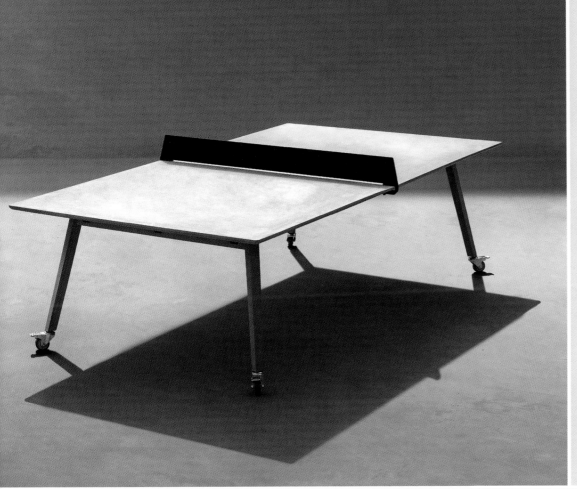

《清明上河图》混凝土成像

项目将图像、文字等创造性地与混凝土结合起来，采用渗透成像工艺，使混凝土在本身具有的厚重、质朴的特征上，增加了艺术的表现力。《清明上河图》再现于现代混凝土材料之上，将传世名画与现代混凝土完美融合，使古画的意境、艺术性多了一种表达的载体。渗透型图像混凝土兼具混凝土的内敛、厚重的质感与图像的写意率性，细腻的表现力，为室内、外装饰装修材料提供了新的选择。该项目同时获得材料/工艺创新奖。

申报单位：深圳市威锴众润建材科技有限公司

Concrete Imaging of "Riverside Scene at Qingming Festival"

Applicant: Shenzhen Viczoom Building Materials Technology Co., Ltd.

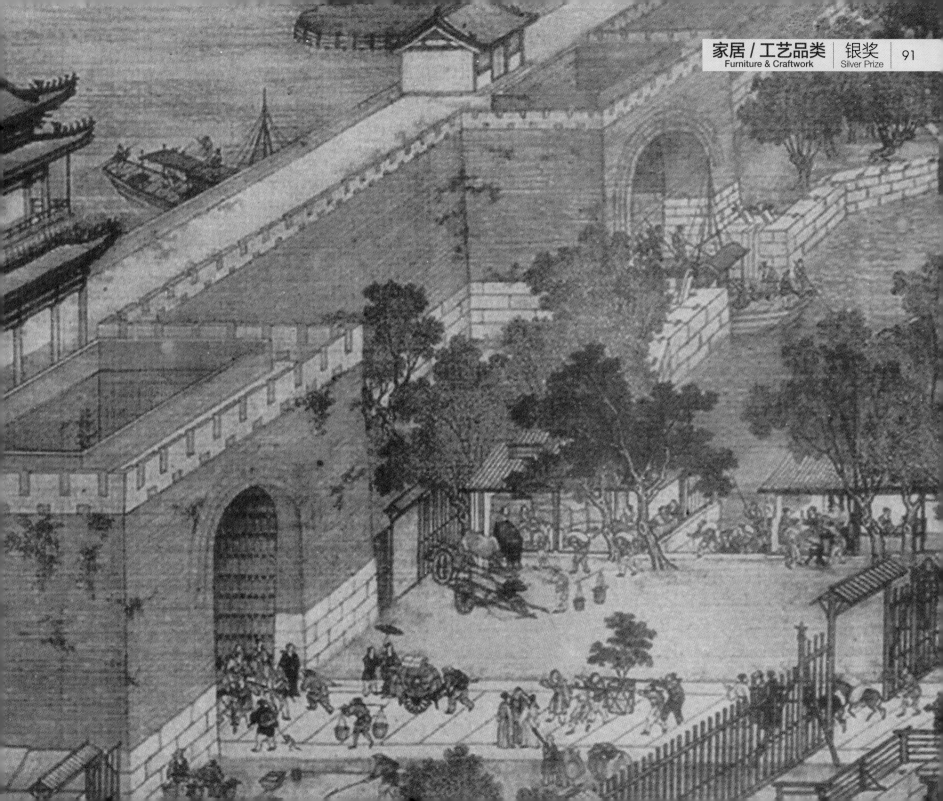

家居/工艺品类　银奖　Furniture & Craftwork　Silver Prize　91

| 92 | 铜奖 Bronze Prize | 家居 / 工艺品类 Furniture & Craftwork |

艺术坐凳

项目为利用超高性能混凝土（UHPC）材料优异的可塑性，塑造的一款具有现代简约风、流线型的单人坐凳。将金属与水泥材料融合到一个作品中，去繁就简，适合追求极简生活方式的人群，也适合书吧等清幽的公共区域摆放。

申报单位：建华建材（中国）有限公司

Art Chair

Applicant: Jianhua Building Materials (China) Co., Ltd.

家居/工艺品类 | 铜奖 | 93
Furniture & Craftwork | Bronze Prize

清水大声公

　　项目为无电源、无辐射、自然扩音的工艺品。采用清水混凝土制作，外形类似古代军旅中使用的号角，线条柔顺流畅。产品一次浇筑成型，直接采用现浇混凝土的自然表观效果作为饰面，纹理细腻精致，搭配胡桃木声音接收口，古朴优雅。

设计：广州市双瑜建筑艺术工程有限公司
申报单位：广州市双瑜建筑艺术工程有限公司

Bare Concrete Loudspeaker

Design: Guangzhou Shuangyu Construction Art and Engineering Co., Ltd.
Applicant: Guangzhou Shuangyu Construction Art and Engineering Co., Ltd.

"玖一"电子秤

电子秤 UHPC 面板为带圆角的正方形，采用一次性浇筑成型工艺，其正面及边缘不经任何二次处理及打磨，表面细腻光滑，显示窗及圆角顺滑自然，整体外观纤巧平衡，又不失沉着，水泥朴素自然的质感使其更加接近自然、返璞归真的健康理念。

申报单位：广州市玖珂瑭材料科技有限公司

"Jiu Yi" Electronic Scale

Applicant: Guangzhou Jiuketang Materials Technology Co., Ltd.

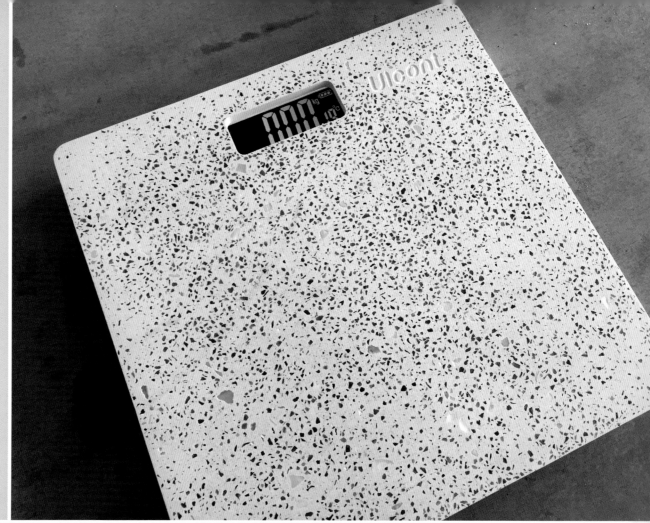

家居 / 工艺品类 | 铜奖 | 95
Furniture & Craftwork | Bronze Prize

楼纳露营基地服务中心混凝土家具

项目利用原有民居的基础，通过设置一系列与建筑空间完美契合的预制混凝土吧台、壁柜、台柜，在简约、抽象的形式下满足复杂的运营使用需求。混凝土家具一方面与带有丰富肌理的混凝土建筑结构相呼应，另一方面以自身精致的工艺为乡土空间增添当代的气质，结合建筑设计，呼唤着一种熟悉的陌生感。

设计：李兴钢工作室、中科巨匠建筑科技有限公司
申报单位：中科巨匠建筑科技有限公司
　　　　　广州市玖珂瑭材料科技有限公司

The Concrete Furniture of Louna Camping Base Service Center

Design: Li Xinggang Studio, Zhongke Jujiang Construction Technology Co., Ltd.
Applicant: Zhongke Jujiang Construction Technology Co., Ltd.
Guangzhou Shuangyu Construction Art and Engineering Co., Ltd.

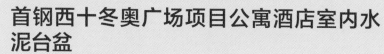

家居／工艺品类 ｜ 铜奖 ｜ 97
Furniture & Craftwork ｜ Bronze Prize

首钢西十冬奥广场项目公寓酒店室内水泥台盆

项目的整体造型采用了简洁的"一字型"台面设计，在洗手区设置的内凹型洗手池与台面一体翻模浇筑。项目材料均为混凝土，加入混凝土防护剂，浇筑后的外表质感温润柔和。混凝土本色体现了后工业时代下对于传统型建筑材料的创新性运用。

设计：曹阳、马萌雪
申报单位：北京宝贵石艺科技有限公司

The Indoor Cement Washbasin of Shougang Xishi Winter Olympics Square Project Apartment Hotel

Design: Cao Yang, Ma Mengxue
Applicant: Beijing Baogui Stone Crafts Technology Co., Ltd.

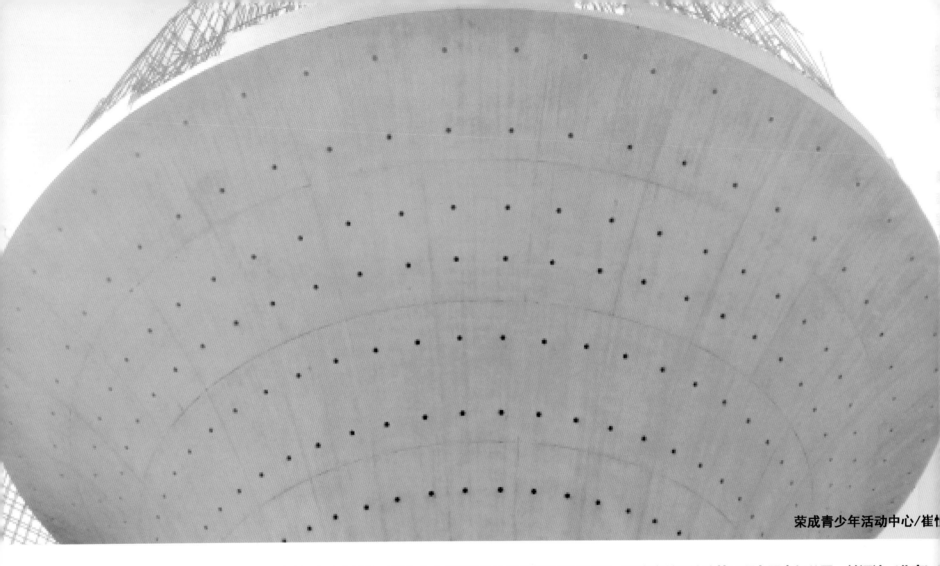

荣成青少年活动中心/崔忄

益汇达清水混凝土团队旗下拥有**北京益汇达清水装饰工程有限公司、重庆市益汇达建筑工程有限责任公司、益汇达（北京）**
程科技有限公司，是以清水混凝土为核心的创新、创业型工程科技公司。北京益汇达清水装饰工程有限公司以清水混凝土技术研发
现浇清水混凝土总承包施工为主要业务支撑；重庆市益汇达建筑工程有限责任公司以现浇清水混凝土和清水混凝土保护剂为主要
务支撑。

益汇达团队同时吸纳了国内外建筑领域中混凝土施工的高新技术和材料，以清水混凝土为基础和依托，致力于国内生态混凝
超高性能混凝土（UHPC）等先进混凝土技术的应用和推广。益汇达清水混凝土团队秉承诚信、感恩、责任、创新的企业精神，
工匠精神的专注态度，推广及应用高性能清水混凝土发展为己任，积极推动国内清水混凝土行业技术发展。为大众呈现更多完美
清水混凝土建筑艺术精品。为了更好地服务于清水混凝土行业，益汇达成立了"三一筑工——益汇达高性能混凝土研究基地"，
在四川建筑职业技术学院成立了"益汇达奖助学金"回馈社会。

2018年10月10号下午13点，由北京益汇达清水装饰工程有限公司（以下简称"益汇达"）和中国建筑设计研究院有限公司（以下简称"中国院"）联合举办，以"现浇清水混凝土"为主题的展览在中国建筑设计研究院有限公司1号楼正式开幕。展览得到各方领导的重视和关注，行业专家、院士、业主、总承包、UED、《混凝土世界杂志》、《建筑学报》媒体代表等均有到场见证开幕时刻。

本次展览由崔愷院士发起，益汇达与中国院承办，旨在让广大热爱清水混凝土的人士能够深入、直观地了解清水混凝土建筑与施工工艺。历时两个多月筹备，整个展览盖涵图文展板、材料、保温、造价、工艺、实体模板、背楞体系、人物解读、3D施工动画、航拍等多方位将清水混凝土全面地呈现。开幕式由崔愷院士亲自主持并致辞。致辞同时崔愷院士对朱同然总经理和其领导下的益汇达团队的匠人精神给予了高度的肯定和好评。不忘初心方得始终，益汇达人始终秉承智造、匠造精神为中国匠人守望。用实力说话，用成绩证明。通过现浇清水混凝土这项现代工艺去实现自我人生价值，以传承匠心为己任，不断提高和创新，力求为大众呈现更多的精彩作品。

砼舟共技 现浇清水混凝土展

北京益汇达清水装饰工程有限公司
中国建筑设计研究院有限公司

展览时间
2018年10月10日—11月30日
展览地点
北京市西城区车公庄大街19号
中国建筑设计研究院有限公司1号楼1层展厅

公司网址：www.yhdqs.com
联系电话：010-80493084 18223498775
公司总部：北京市顺义区后沙峪绿地启航国际9栋806室

关注我们了解更多

为您量身定制，以工匠精神打造每一件产品！

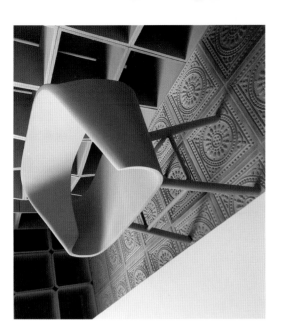
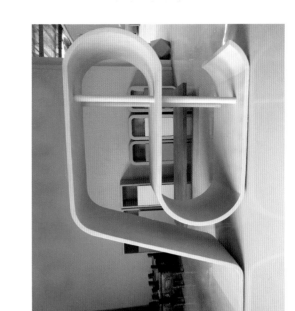

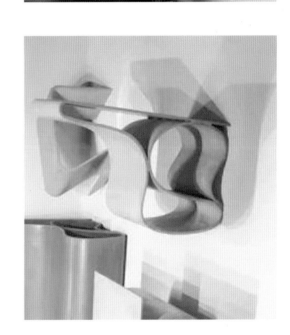

精美混凝土礼品 · 家具订制

扫码了解更多